MY FIRST BOOK OF
THE ORCHID

我的第一本
兰花书

张玲玲　徐晔春　张雅慧　主编

SPM
南方传媒
广东科技出版社
全国优秀出版社
· 广州 ·

图书在版编目（CIP）数据

我的第一本兰花书 / 张玲玲，徐晔春，张雅慧主编. —广州：
广东科技出版社，2022.12

ISBN 978-7-5359-7912-4

Ⅰ. ①我… Ⅱ. ①张… ②徐… ③张… Ⅲ. ①兰科—花卉—观赏园艺 Ⅳ. ①S682.31

中国版本图书馆CIP数据核字（2022）第143405号

我的第一本兰花书
Wo de Di-yi Ben Lanhua Shu

出 版 人：严奉强

责任编辑：李旻

装帧设计：友间文化

责任校对：于强强

责任印制：彭海波

出版发行：广东科技出版社

　　　　　（广州市环市东路水荫路11号　邮政编码：510075）

销售热线：020-37607413

http://www.gdstp.com.cn

E-mail：gdkjbw@nfcb.com.cn

经　　销：广东新华发行集团股份有限公司

印　　刷：广州市彩源印刷有限公司

　　　　　（广州市黄埔区百合三路8号）

规　　格：787 mm×1 092 mm　1/16　印张7.5　字数150千

版　　次：2022年12月第1版

　　　　　2022年12月第1次印刷

定　　价：48.00元

如发现因印装质量问题影响阅读，请与广东科技出版社印制室联系调换（电话：020-37607272）。

编委会名单

多画春风不值钱，一枝青玉半枝妍。

山中旭日林中鸟，衔出相思二月天。

清·郑板桥《折枝兰》

在中国，几千年来，兰花被喻为花中君子。

在维多利亚时代，英国的贵族当中出现了一种与喜爱兰花有关的心理疾病，这种病被称为Orchidelirium。患有该疾病的人对兰花朝思暮想，他们耗尽精力收集兰花，修建温室养护兰花，不惜倾家荡产，更有狂热者甚至为了兰花献出了生命。

兰花毫无疑问是这个世界上最可爱的生灵，数个世纪以来，从来没有一种植物像兰花一样俘获人们的想象力。它们拥有魔幻般的姿容，无穷无尽的多样性，它们完美地适应了多种难以置信的生态环境，栖息在地球的各个角落，它们比恐龙还古老，它们是欺骗大师，它们如美人、是君子……无论在东方还是西方，兰花都具有令人无法抗拒的魔力。

和众多已经从地球上消失的物种一样，兰花正在悄悄消失。人类活动引起全球环境的巨大改变，致使兰花每时每刻都面临着生存威胁。兰科植物是世界性的濒危物种，所有种类全部被列入了《濒危野生动植物物种国际贸易公约》（CITES）的保护范围。中国所有的野生兰科植物全部被列入了《中国物种红色名录》之中。2021年发布的《国家重点保护野生植物名录》，列入的兰科植物有263种，兜兰属（*Paphiopedilum*）所有野生种类均被列入。保护兰科植物是一项紧迫而艰巨的任务，需要全体民众共同努力。

本书围绕公众关心的有关兰花的十个基本问题，包括初识兰花、兰花的起源和分布、兰花的生态习性、兰花的繁殖、兰花的价值、兰花的历史和文化、古今中外赏兰花、兰花新品种选育和栽培，以通俗易懂的方式，对兰科植物进行了全面而有趣的介绍。书中展示了大量精美的兰花图片，具有较好的视觉效果和轻松愉快的阅读体验。愿通过阅读本书，您可以领略兰花的美妙和神奇，并对兰科植物有一个基本而全面的认知，进而热爱兰科植物。若还能引发您进一步探究兰科植物的渴望，并加入保护兰科植物的队列中来，我们将感到由衷的喜悦，这也是我们编写本书时怀有的一点私心和期待。

由于水平有限，书中疏漏和不足之处在所难免。我们恳切地期待各位读者将您发现的错误与问题及时反馈给我们，以促进我们的进步和成长，并在今后能对本书做进一步的修订与完善。

本书的出版得到"中国科学院核心植物园物种保育功能领域能力建设经费（项目编号Y9212420）""中国科学院战略生物资源能力建设项目《兜兰属植物保育与利用研究》（项目编号KFJ-BRP-017-70 ）"和"广东省重点领域研发计划项目《广东省重要战略野生植物资源的保护及利用研究（项目编号 2022B1111040003）》"的资助，谨致谢忱。感谢华南国家植物园廖景平研究员和康明研究员在本书编写过程中给予的鼓励和指导。感谢陈忠毅老师对全书文稿的审校。感谢华南国家植物园园艺中心王瑛主任、宁祖林副主任和吴兴副主任的大力支持。本书的编写也受到了西双版纳植物园导赏手册《自然之兰——大自然的馈赠》和辰山植物园导赏手册《辰山导览手册系列——兰》的启发，在此向手册的编写者致以真诚的谢意。

主编

2022.10

目录
Contents

第一节

Section One

兰花长啥样？

初识兰科植物

我的第一本兰花书

一、丰富多彩的兰科植物

　　兰科（Orchidaceae）植物是一群美丽而奇幻的生灵，它们是种子植物中起源古老、种类丰富和进化程度最高的植物类群。兰科植物通常俗称兰花，兰花的颜色非常丰富，她们拥有自然界中花朵所有的颜色。兰花的气味各有不同，有的浓郁，有的淡雅，还有的种类完全无香。兰花的大小相差悬殊，直径从十几厘米到不足1毫米不等。兰科植物的植株形态千差万别，有直立、匍匐、悬垂，也有攀援。兰科植物叶子的形态多种多样，多为扁平形，也有圆柱形和针形，还有没有绿叶的腐生兰花。

白花凤蝶兰
Papilionanthe biswasiana

羚羊石斛
Dendrobium bicaudatum

硬叶兜兰
Paphiopedilum micranthum

大花盆距兰
Gastrochilus bellinus

拟蝶唇兰
Psychopsis papilio

豆瓣兰'红塔盛典'
Cymbidium serratum 'Hongta Shengdian'

紫花苞舌兰
Spathoglottis plicata

紫舌卡特兰
Cattleya porphyroglossa

流苏唇柏拉索兰
Brassavola cucullata

飞蝗兰
Sudamerlycaste locusta

飞鹰飘唇兰
Catasetum incurvum

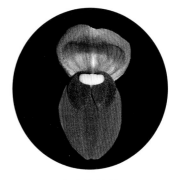

高大肋柱兰
Pleurothallis gargantua

墨兰'金嘴'
Cymbidium sinense 'Jinzui'

大彗星兰
Angraecum sesquipedale

橙黄玉凤花
Habenaria rhodocheila

腐生兰花：丹霞兰
Danxiaorchis singchiana

红辣椒石豆兰
Bulbophyllum plumatum

植物世界的超级大家族

兰科植物家族庞大，是植物界的第二大科。全世界有兰科植物800多属27 500多种，约占被子植物的1/10。兰科植物的种数是鸟类的2倍，哺乳动物的4倍。此外，兰花大家族中还有约20万的人工杂交品种。

攀援兰花：大王香荚兰
Vanilla imperialis

攀援兰花：火焰兰
Renanthera coccinea

兰花人丁最盛的四大世家

兰科植物种数最多的4个属：石豆兰属（*Bulbophyllum*），约有1 884种；树兰属（*Epidendrum*），约有1 435种；石斛属（*Dendrobium*），约有1 523种；腋花兰属（*Pleurothallis*），约有557种。

腐生兰花：天麻
Gastrodia elata

二、与真菌共生的根

兰花的根并非寻常的根，多数兰花的根较粗厚，外部通常有肥厚的海绵质根被，根被中有真菌的菌丝体生活。兰花与真菌是互利共生的好朋友，兰花会将自己通过光合作用制造的糖分给真菌，真菌则会拿出自己比较容易获得的矿物质给兰花。

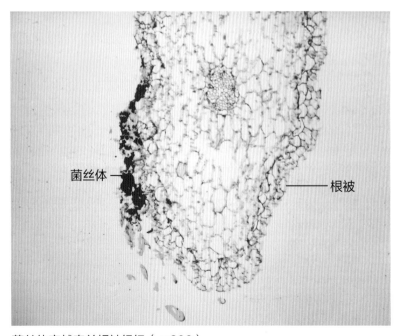

菌丝体──

──根被

菌丝体穿越春兰根被组织（×200）

三、不一样的花儿

除极少数种类外，兰科植物的花为两侧对称结构，子房常180度扭转。每朵兰花都可分为内外两层，外面一层是3枚萼片，里面一层是3枚花瓣。最奇特的是兰花花瓣的中央一枚发生了特化，变成了唇瓣，与其他两枚花瓣的形状完全不同。兰科植物的雄蕊、花柱和柱头发生了亲密的合体，合生成了半圆柱形的合蕊柱。兰科植物的花粉也黏合在了一起，变成了花粉块。兰科植物花儿的构造在植物世界中是独一无二的。

中萼片

花瓣

合蕊柱

唇瓣

侧萼片

兰花的花部结构
（紫花苞舌兰 *Spathoglottis plicata*）

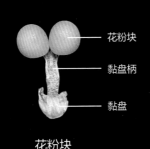

花粉块

黏盘柄

黏盘

花粉块
（香花指甲兰 *Aerides odorata*）

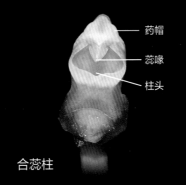

药帽

蕊喙

柱头

合蕊柱

兰花为什么有无法阻挡的诱惑力

兰花两侧对称的花朵结构非常神奇，它们会诱使人类用类似观看人脸的方式去观看它们，于是在人们的眼中，它们不仅仅拥有美貌，还拥有某种"人格"，甚至兰花的唇瓣对人类有神奇的吸引力，可以激发人类的某种潜意识。

硬叶兰（*Cymbidium mannii*）
成熟的果实

四、粉尘般的种子

　　兰科植物的果实常为蒴果，通常不大，种子常细微如粉尘，只有胚，没有胚乳。兰花一个果实所含的种子极多，少则三五千粒，多则数百万粒。假若它们都能成活，那么只要经过3~4代，就能覆盖整个地球。但在自然情况下，兰科植物种子的发芽率极低，通常只有几千分之一或者几万分之一。

齿瓣石豆兰
（*Bulbophyllum levinei*）
未成熟的果实（×10）

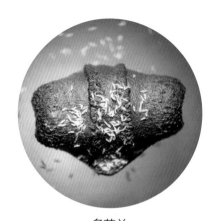

多花兰
（*Cymbidium floribundum*）
种子与王瓜种子的对比图（×20）

见血青
（*Liparis nervosa*）
的种子（×5）

多花兰
（*Cymbidium floribundum*）
种子的显微放大图（×200）

兰花从哪里来？

兰科植物的起源

我的第一本兰花书

一、兰花曾与恐龙一起生活在地球上

在大约1.05亿到7 600万年前的白垩纪晚期，兰科植物的5个亚科就演化形成了，这意味着兰花和恐龙生活在同一个年代。全基因组测序发现，所有现存兰花的祖先曾在6 600万年前的第三次生物大灭绝事件前就发生过"基因复制"事件，由此成功地躲过了集群灭绝。

兰花化石

2008年*Nature*杂志上发表了一篇名为"从兰花化石及其传粉者确定兰科植物的起源"的文章。美国哈佛大学的研究人员对一个含有兰花花粉化石的蜜蜂琥珀进行了研究。经过测定，这块琥珀的年龄为1 500万～2 000万年。由此推测兰科植物的共同祖先大约生长在7 600万年前，也就是白垩纪晚期。

二、兰花家族的亲缘关系

基因序列研究发现，兰科植物可分为5个亚科，它们分别是拟兰亚科（Apostasioideae）、香荚兰亚科（Vanilloideae）、杓兰亚科（Cypripedioideae）、兰亚科（Orchidoideae）和树兰亚科（Epidendroideae）。这5个亚科由共同的祖先发展而来，是兄弟姐妹的关系。其中兰亚科和树兰亚科是姐妹群，然后依次与杓兰亚科、香荚兰亚科、拟兰亚科构成姐妹群。兰花家族数兰亚科和树兰亚科人丁最为旺盛，其中树兰亚科的人丁几乎占了兰花家族的80%，我们熟悉的国兰就是树兰亚科的成员。

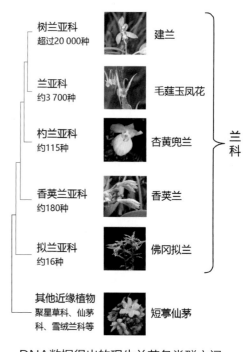

树兰亚科 超过20 000种　　建兰
兰亚科 约3 700种　　毛莛玉凤花
杓兰亚科 约115种　　杏黄兜兰
香荚兰亚科 约180种　　香荚兰
拟兰亚科 约16种　　佛冈拟兰
其他近缘植物 聚星草科、仙茅科、雪绒兰科等　　短葶仙茅

兰科

DNA数据得出的现生兰花各类群之间的种系发生关系

第三节

Section Three

兰花的家在哪里？

兰科植物的分布

一、四处为家

在地球上，不论高山、平地、海边、草原、雨林、岩地还是沼泽，都有兰科植物的踪迹，甚至北极圈中也有绶草（*Spiranthes sinensis*）安家。只有环境最恶劣的地方——极北和极南的地方，高山之巅，最荒凉的沙漠，以及湖泊、河流和海洋的深处，才没有它们的踪影。随着环境的差异，兰科植物演化出了不同的形态、不同的习性和生活方式。

二、世界兰科植物的分布

兰花广泛地分布在世界各大洲。在属水平上统计，大洋洲有50～70属，北美洲有20～26属，美洲热带地区有212～250属，亚洲热带地区有260～300属，非洲热带地区有230～270属，欧洲和亚洲温带地区有40～60属。

原来是大陆漂移的结果

兰科植物的种子很轻，理论上很适合乘着风漂洋过海，开疆拓土。但是它们微小的胚很容易干透，这让大多数兰花种子在完成长距离旅行之前就已经丧失了活性。与过去推测的不同，兰花目前的世界性分布格局是大陆漂移的被动结果。在兰科植物刚演化出来时，地球各大陆之间的距离可比今天近得多呢。

三、中国兰科植物的分布

我国是兰科植物分布最丰富的国家之一，约有190属1 600种。主要分布在云南（约1 000种）、西藏（约400种）、台湾（约380种）、四川（约370种）、广西（约350种）、贵州（约280种）、广东（约230种）和海南（约230种）地区。

兰花是怎样生长的？

兰科植物的生态习性

林下生长的西藏杓兰 *Cypripedium tibeticum*

兰花是怎么样生长的？这是一个关于兰科植物生态习性的问题。兰科植物的生态习性多种多样，大致可分为地生兰、附生兰和腐生兰。

一、地生兰

地生兰主要分布于温带地区，它们像大多数高等植物一样，依靠生长于土壤中的根系来吸收水分和养料并固定植株本身。地生兰多生于林下，但是让人意想不到的是，在城市的草地上，甚至池沼边和湿地里都可见到它们的身影。国人最为熟悉的兰属植物大多为地生兰。

林下生长的紫纹兜兰 *Paphiopedilum purpuratum*

林下生长的乐昌虾脊兰
Calanthe lechangensis

林下生长的黄花鹤顶兰
Phaius flavus

湿地里生长的西南手参 *Gymnadenia orchidis*

池沼边生长的香港绶草
Spiranthes hongkongensis

二、附生兰

附生兰的植株具粗壮且包有可保水根被的"气生根"或者肥厚的假鳞茎用来储藏水分。它们借助气生根附着、固定在其他物体（如大树的枝干或岩石表面）上面生长，如石斛属植物。附着在岩石上生长的兰花又特称"石生兰"。

附生于树上的美花石斛
Dendrobium loddigesii

附生于树上的多花指甲兰 *Aerides rosea*

附生于树上的聚石斛
Dendrobium lindleyi

附生于岩石上的独蒜兰 *Pleione bulbocodioides*

附生于树上的眼斑贝母兰
Coelogyne corymbosa

附生于岩石上的石仙桃
Pholidota chinensis

附生于岩石上的流苏贝母兰
Coelogyne fimbriata

站在高处的好处

附生兰生长在树林和岩石的高处，这样便巧妙地避开了遮阴和生存竞争。高处容易被鸟儿和昆虫发现，方便传粉。高处还没有遮拦，任由风儿东西南北地吹，可以将种子带到更远的地方。

附生于岩石上的密花石豆兰*Bulbophyllum odoratissimum*

三、腐生兰

腐生兰的植株没有绿叶，不能通过光合作用自行制造养料。它们依靠的是有真菌寄生的菌根，靠吸收被真菌分解的朽木、腐叶、烂根等的养分来生活，如天麻属（*Gastrodia*）植物。腐生兰多生于林下，很难被人发现。

丹霞兰
Danxiaorchis singchiana

虎舌兰 *Epipogium roseum*

在地下悄悄开花

万物生长靠太阳，这个道理谁都懂。不过，在植物界却有这么一朵"奇葩"，它一生都生活在地下，在地下生根、发芽、开花、结果，跟太阳几乎没有半点儿关系，它就是来自澳大利亚的地下兰（*Rhizanthella gardneri*）。要想一睹地下兰的真容，那就得扒开地面上的落叶和土层，因为这些地下兰与地面至少有1厘米的距离。地下兰有叶绿体，但是丧失了70%的叶绿体基因，不能进行光合作用。地下兰总是和一种当地叫作有钩白千层的植物生活在一起，依靠菌根吸收有钩白千层根部的营养生活。地下兰主要依靠白蚁来帮它们传播花粉，辛苦工作的白蚁却捞不到一点儿好处，它们完全是被地下兰散发的香甜气味迷惑的。至于种子的传播嘛，就依靠那些刨开土取食它们果实的动物了。

地下兰
Rhizanthella gardneri

兰花怎样生儿育女？

兰科植物的繁殖

一、专为昆虫传粉而生的花朵

兰科植物花的构造高度适应于昆虫传粉，合蕊柱、唇瓣和花粉块这套组合就是为昆虫传粉而生的。一般情况下当昆虫钻入花中时，首先会触碰到合蕊柱顶端的"蕊喙"，连接花粉块的黏盘受到昆虫的碰撞，便会脱离蕊喙而黏附到昆虫的身体上。当昆虫从花朵中爬出来时，便带走了整个花粉块。当昆虫访问下一朵花时，背上的花粉块便会接触柱头上部，这样就完成了异花传粉。

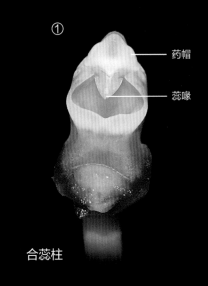

①

药帽

蕊喙

合蕊柱

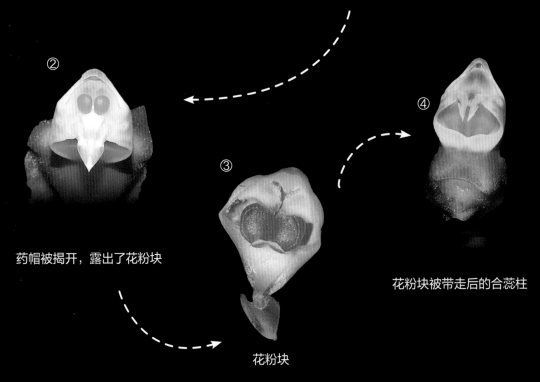

②

药帽被揭开，露出了花粉块

③

花粉块

④

花粉块被带走后的合蕊柱

聪明的唇瓣

兰花施弄诸多骗术,欺骗传粉者,唇瓣是至关重要的道具。它们可以栩栩如生地模仿花蜜、花粉或者产卵地等来吸引传粉者,使传粉者毫无例外地上钩。唇瓣还可以为传粉者提供着陆平台,或者作为醒目的标志吸引传粉者。

大花杓兰(*Cypripedium macranthos*)
囊状的唇瓣

角蜂眉兰(*Ophrys speculum*)
的唇瓣惟妙惟肖地模拟雌蜂

章鱼兰(*Prosthechea cochleata*),
又名扇贝兰,唇瓣极像贝壳

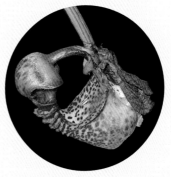

吊桶兰(*Coryanthes macrantha*)
桶状的唇瓣

二、兰花的传粉

为了吸引昆虫的拜访，兰花可谓无所不用其极，除却花色艳丽、提供蜜露和香水等常规方式，兰花还进化出了各种欺骗手段来达到传粉目的。

（一）为了回报巧设机关

为了吸引传粉者的到来，不少兰花能够分泌出香甜的花蜜作为传粉者的报酬。但是工于心计的兰花通常不会让传粉者轻易得到花蜜，一些兰花会将花蜜贮藏于由唇瓣下部特化而来的细长的管状附属物（专业名称为"距"）中，以彗星兰属（*Angraecum*）最为典型。距的长度与相应传粉者的取食器官"喙"的长度相匹配。昆虫在费尽力气取食花蜜的过程中，帮助兰花完成了传粉。

'维奇'风兰（*Angraecum* 'Veitchii'）长长的距

达尔文与兰花

达尔文曾详细研究过兰花的传粉，而且因为对兰花太过着迷，他在《物种起源》（1859年）问世后出版的第一本书就和兰花有关，这本经典的著作就是《兰花的传粉》（1862年）。马达加斯加地区有一种彗星兰，它有又长又细的距，从距的开口到底部是一条长达29.2厘米的细管，只有底部3.8厘米处才有花蜜。达尔文大胆地预测在马达加斯加必定生活着一种蛾，它们的喙能够伸到彗星兰距的底部。他的这一推测曾被当时的人们所嘲笑。但是在1903年，人们在马达加斯加找到了一种喙长25厘米、像小鸟一般大小的大型天蛾，印证了达尔文的预测。

大彗星兰 *Angraecum sesquipedale*

（二）　花样百出的欺骗

自然界中没有花蜜的兰花约占全部兰花种类的1/3，它们吸引传粉者的方式多种多样，欺骗是最常用的手段。

1. 冒充食物

兰花的花粉聚合成块，昆虫无法作为食物获取，但有些种类的兰花（如毛兰属、多穗兰属等）会在唇瓣上生有类似花粉粒外观的"假花粉"，引诱昆虫前来取食。足茎毛兰（*Eria coronaria*）唇瓣上的斑块像极了美味的食物，而被假冒食物引诱而来的中华蜜蜂为足茎毛兰完成了传粉。

以唇瓣上黄色的斑块假冒食物

中华蜜蜂正钻入花内

花的结构为中华蜜蜂量身定制

中华蜜蜂爬出来时身上沾着花粉块

背上沾有花粉块的中华蜜蜂

获得授粉的足茎毛兰

金黄蜂兰 *Ophrys lutea*

多利斯蜂兰
Ophrys omegaifera subsp. *dyris*

2. 性诱惑

有些兰花（如蜂兰属）的花朵外观和色彩与雌蜂非常相似，还会散发出足以假乱真的性激素，诱使雄蜂前来交尾。角蜂眉兰的花极像雌性的胡蜂，同时还会模仿雌性胡蜂特有的气味，这让雄性胡蜂毫无抵抗力。

角蜂眉兰 *Ophrys speculum*

蜂兰 *Ophrys apifera*

3. 制造陷阱

有些兰花（如杓兰属、兜兰属等）利用深囊状的唇瓣模拟传粉者的巢穴，诱使昆虫进入。一旦昆虫落入其中，只能从唇瓣基部一侧的出口逃出，而花粉块便在这一必经之处等着被昆虫带走。

毛杓兰（*Cypripedium franchetii*）的陷阱　　杏黄兜兰（*Paphiopedilum armeniacum*）的陷阱

4. 乔装成伴生植物

有些兰花会模拟生境附近其他有花蜜的伴生植物，开出与伴生植物类似形态和颜色的花，让传粉者误入其中。生长在南非的一种美丽萼距兰（*Disa pulchra*）不会产生蜂蜜，它常常和一种美丽的弯管鸢尾（*Watsonia lepida*）生活在一起，它们都开粉红色的花，花形也非常相似。虫子常常分不清，只好老老实实地免费为美丽萼距兰传粉了。

5. 模拟繁殖地

许多昆虫母亲会选择食物丰富的地点作为它们孩子的哺育场所。据此，一些兰花便施展骗术，模拟昆虫的繁殖地，让虫子再一次上当受骗。长瓣兜兰（*Paphiopedilum dianthum*）利用花瓣上的黑色突出物模拟黑带食蚜蝇（*Zyistrophe balteata*）幼虫的食物。紫纹兜兰（*Paphiopedilum purpuratum*）花瓣上长有大量的疣点，极似蚜虫。

长瓣兜兰花瓣上的黑色突出物模拟黑带食蚜蝇幼虫的食物

紫纹兜兰花瓣上长有大量的疣点，极似蚜虫

6. 扮演情敌

一些生长在美洲的文心兰会巧妙地利用一些膜翅目昆虫守护领地的行为，让自己的花扮演成在风中招摇的同性虫子，虫虫们误以为领地受到了威胁，便对冒充虫子的兰花发起一顿猛攻，在这样的冲撞中兰花就完成授粉了。

失足一次就足够了

兰花的骗术其实并不能常常得手，昆虫访问兰花欺骗性花朵的概率很低，而且虫虫们很快就学会了避开这些没有回报的花朵。但是兰花的花粉粒形成了紧密的花粉块，昆虫一次单独的访问就足以搬运数以千计的花粉粒，而每个花粉粒都可以让一朵兰花中数以千计的胚珠当中的一个授粉。所以，受骗的传粉者只要犯一次不常犯的错误，失足一次，就足以让兰花结出大量的种子。

如果失去了你

兰花和传粉昆虫这对冤家，若是失去了彼此会怎样呢？若施展骗术的兰花灭绝了，传粉者昆虫的生存状态会有轻微的改善，因为没有了欺骗，没有回报的访花过程就少了。而如果帮助欺骗性的兰花传粉的昆虫灭绝了，兰花就惨了，它们可能面临着绝迹，要不就自己帮自己，走自花传粉的道路。

（三）不依赖动物帮忙的自花传粉

1. 自己运动

大根槽舌兰（*Holcoglossum amesianum*）是一种附生兰，它的花能360度旋转自己的花粉块，将花粉块送入自己的柱头腔内，完成自花传粉，这一过程完全不需要任何外界帮助。

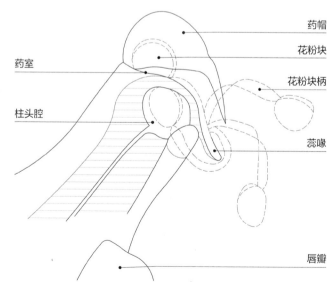

大根槽舌兰自花传粉过程示意图

2. 巧借雨水

多花脆兰（*Acampe rigida*）是一种靠雨水传粉的奇特兰花，并且还是世界上发现的第一种真正意义上的雨媒传粉植物。下雨时，雨滴的打击让多花脆兰的药帽首先弹开，花粉块暴露，在雨滴的再次打击下，花粉块上弹并270度翻绕，越过蕊喙，精确地落入柱头腔而完成了自花传粉。

多花脆兰的花

多花脆兰的果实

多花脆兰植株

三、兰花的结种

一朵兰花中有数以千计的胚珠，只有其中最有缘的才能与传粉者带来的花粉粒结合，完成授粉并结出种子。很多兰花会长出硕大的花序，这看上去是能量的极大浪费，然而，这些花并没有同时产生成熟的胚珠，而是要一直拖延到传粉过程发生之后，才让胚珠成熟到可以受精的程度，这就抵消了开出大量花朵的能量耗损。

四、兰花种子的萌发

兰花的种子要发育成成株，就必须先被一种真菌感染。刚诞生的兰花可以认为是真菌身上的寄生生物。绝大多数兰花在发育过程中会长出根和叶，通过光合作用制造养分。然而，兰花在长大后，它们的根依然与真菌生活在一起，形成了菌根，是一种互利共生的关系。

天麻生长的秘密

天麻（*Gastrodia elata*）是腐生兰，没有根和绿色的叶片，它不能从土壤中大量吸收水分、无机物和有机物，也不能利用阳光进行光合作用制造养料，那么天麻是怎样生长的呢？20世纪60年代，科学家们揭示了天麻生长的秘密。天麻的种子在萌发的初期需要有萌发菌的帮助，萌发菌侵入到种皮中帮助萌发。当胚长成原球茎后又必须与蜜环菌建立营养关系，天麻种子萌发时必须同时具备两种菌，缺一不可。萌发后，天麻与蜜环菌形成共生的营养关系，靠消化蜜环菌的菌丝来获得营养。

第六节

Section Six

兰花有什么用处?

兰科植物的重要价值

我 的 第 一 本 兰 花 书

一、兰花的观赏价值

兰花的花色、花香、花形、叶形和植株形态俱佳，是最享盛名的花卉，深得世人喜爱。兰属中的春兰、蕙兰、建兰、寒兰、墨兰、春剑、莲瓣兰、豆瓣兰和送春等花色清淡，花香袭人，叶形和体态优雅，深受我国人民的热爱，而它们也被称为"中国兰"，简称"国兰"。日本和韩国也流行"国兰"的栽培。

欧美等国较早发现和引种产于热带和亚热带的兰花，如卡特兰、蝴蝶兰、石斛兰、文心兰等，它们花色艳丽，被冠以"洋兰"的名称。洋兰的栽培和欣赏已经成为全世界的潮流。

寒兰'寒素三星'
Cymbidium kanran 'Hansusanxing'

春兰'金泰荷'
Cymbidium goeringii 'Jintaihe'

莲瓣兰'永怀素'
Cymbidium tortisepalum 'Yonghuaisu'

豆瓣兰 '红河红'
Cymbidium serratum 'Honghehong'

国兰和洋兰

　　国兰的欣赏主要着重其芳香、花型、叶型和株型，花色则以淡雅或者单色为主，种类仅包括兰属植物。国兰主要分为春兰、蕙兰、建兰、墨兰、寒兰、莲瓣兰、春剑、豆瓣兰、送春九大类。

春剑 '金镶玉'
Cymbidium tortisepalum var.
longibracteatum 'Jinxiangyu'

建兰 '红娘'
Cymbidium ensifolium 'Hongniang'

033

送春'大红袍'
Cymbidium cyperifolium
var. *szechuanicum*
'Dahongpao'

蕙兰'郑孝荷'
Cymbidium faberi
'Zhengxiaohe'

墨兰'企黑'
Cymbidium sinense 'Qihei'

在欧美等其他国家，栽培兰花的目的主要是欣赏其艳丽的色彩或者奇特的花型，种类主要是源自热带、亚热带地区的附生兰。这类兰花由于在国外栽培普遍，所以称之为"洋兰"。其主要种类有卡特兰属（*Cattleya*）、万代兰属（*Vanda*）、蝴蝶兰属（*Phalaenopsis*）、石斛属（*Dendrobium*）、文心兰属（*Oncidium*）、兜兰属（*Paphiopedilum*）等，以及它们数量众多的品种。

蝴蝶兰'大辣椒'
Phalaenopsis 'Big Chili'

石斛兰 *Dendrobium* hybrid

'绿魔帝'兜兰 *Paphiopedilum* Maudiae

万代兰 *Vanda* hybrid

文心兰 *Oncidium* hybrid

卡特兰品种 *Cattleya* hybrid

二、兰花的药用和食用价值

兰科植物中有不少种类是名贵的药用植物，如天麻、石斛和白及，我国有药用价值的兰科植物有80种以上。铁皮石斛（*Dendrobium officinale*）干燥茎的加工品又名铁皮枫斗，是名贵的中草药。国兰的花、叶、根、果实、种子都有一定的药用价值。李时珍在《本草纲目》一书中，对兰草的药用价值进行了十分详细的描述。建兰的根煎汤服用可催生；蕙兰全草可治疗妇科疾病；春兰全草治疗神经衰弱、痔疮和蛔虫等疾病；素心兰、蕙兰的花瓣阴干可用于催生等。不少兰花还具有重要的食用价值，香荚兰（*Vanilla planifolia*）的果实似豆荚，采收加工后成为散发浓郁香味的香料，广泛用于食品和化妆品行业。

铁皮石斛花

铁皮石斛鲜条

香荚兰

铁皮石斛的规模化栽培

三、兰花的经济价值

兰科植物中的名贵药材、观赏兰花及其他珍稀种类具有极高的经济价值。国兰珍品价格惊人，甚至出现了1 500万元人民币一株的天价兰花。兰花花卉产业份额巨大，文心兰、卡特兰、蝴蝶兰、石斛兰、万代兰在很多国家和地区形成了大规模的生产，仅蝴蝶兰的全球消费量每年就有1.5亿株。

蝴蝶兰的规模化生产

兰花组景

卡特兰盆花

石斛兰插花

兜兰盆花

据不完全统计，全世界洋兰的销售额约为45亿美元，而且每年以10%~20%的速度增长。

万代兰的规模化生产

文心兰的规模化生产

四、兰科植物的科学价值

兰科植物是单子叶植物中进化水平最高的类群，也是种类最多、形态最复杂的科之一。研究兰科植物，对于植物系统进化、植物生态、植物生理、植物与动物及微生物的相互关系、濒危植物资源保护和利用都具有重要的意义。兰花的特殊花型与授粉昆虫的关系、兰科植物与真菌的关系等，早在达尔文时代就已经被关注并研究了。

缘何有名王者香?

兰花的历史和文化

一、中国兰花的历史

（一）上古时期的兰花

《拾遗记》中记载，上古时期，有神仙在须弥山的第九层种兰。相传在4 000多年前，坐落于汉水之滨的湖北钟祥常闹洪灾，为了抵御洪水，人们在河畔筑了三座防水高台。舜帝南巡时在台上栽种了蕙兰，人们将此台命名为兰台，至今犹存，这是我国最早的兰花文化建筑。

（二）《诗经》中的兰花

《诗经》中有"蘭"的最早的异体字"萠"。在描写郑国风情的《溱洧》中写道："溱与洧方涣涣兮，士与女方秉萠兮。"诗中描写了郑国青年男女在春天，手秉兰花，外出郊游、嬉戏的场景。在描写陈国风情的《防有鹊巢》中，第一次出现了兰科植物的名字。诗中写道："中唐有甓，邛有旨鹝。谁侜予美，心焉惕惕。"大意是：中堂有瓷砖，土堆上有鹝草，谁欺骗我心爱的人，心中惕惕不安。这里的"鹝"，就是今天的绥草，又称盘龙参，这可能是世界上最早记载的兰科植物。

绥草
Spiranthes sinensis

（三）孔子赞兰

孔子率领弟子周游列国，处处碰壁。一日，从卫国返回鲁国，在山谷中看见兰花和杂草生在一起，不禁感叹：兰花当为王者献上自己的香气，如今却与众草为伍，就好像有德才之人却生不适逢时。于是便停车取琴，奏唱《猗兰操》。兰花便有了王者香的别号。

（四）勾践种兰

越王勾践兵败后卧薪尝胆。史料记载勾践曾在渚山种兰，并向吴王进贡。后人把渚山命名为兰渚山，把兰渚山下的集市命名为花街，并把兰渚山下的驿亭命名为兰亭。

（五）屈原咏兰

战国时期的爱国诗人屈原是中国历史上早期栽培兰花的名人。屈原因与楚王治国方略不合被黜。屈原在《离骚》中多次写到兰和蕙。如"扈江离与辟芷兮，纫秋兰以为佩""余既滋兰之九畹兮，又树蕙之百亩"，这里涉及兰、蕙和秋兰。

（六）中国兰花的历史发展过程

先秦时期古籍中有关兰花的记载主要集中在典故、诗歌和名人身上，这些记载，奠定了中国兰花的文化品位和发展方向。

魏晋时期兰花栽种已极为普遍，已经从宫廷栽培进入了士大夫阶层的私家园林。

唐朝，盆栽养兰开始盛行。唐末杨夔著有《植兰说》，是迄今所知对兰花栽培方法最早的记述。

宋朝，兰花的栽培已有长足的发展，相继出现了两本兰谱，即赵时庚的《金漳兰谱》和王贵学的《兰谱》。书中详细评述了福建、广东一带特产兰花的品种、栽培、施肥、灌溉、移植、分株、土质等方面的问题。这两部兰谱是我国也是全世界最早的兰花专著。

明朝，兰花的栽培进入昌盛时期，江南一带的兰花品种不断增多，栽培经验日益丰富，兰花逐渐被民众所共赏。

清朝，我国兰花栽培最为昌盛。随着历代谱集和新园艺品种不断出现，涌现出一批具有丰富经验的艺兰大家，他们在总结前人经验的基础上，推陈出新，纷纷写出了具有价值的艺兰专著。

民国时期，中国社会虽然动荡，但是在江南艺兰活动广为兴盛，在这一时期瓣型理论基本完善，并且培植出了许多新品种。无锡的《锡报》开设了"艺兰专刊"，定期报道"兰花新闻"。

新中国成立之后，中国兰花进入了一个更为昌盛的时期，有关兰花的书籍、品种和交易等都超过了历朝历代，欣赏兰花的理念得以改变，它作为一个商品在特定的形式中流通，形成了兰花市场。

二、 西方兰花的历史

（一） 西方兰花的历史起源

兰花在欧洲文化中的印记，最早可追溯到希腊神话与传说中。兰花Orchid的词源Orchis最早便是希腊语，意思为睾丸，因为一些兰花根状茎的形态很像睾丸，因此自神话时期，地中海地区的兰花文化便与性文化息息相关。西方最古老的兰花文化实证是在恺撒广场古庙顶上发现的一个兰花装饰图案，经鉴定是产自欧洲南部的三齿红门兰（*Orchis tridentata*）。

（二） 西方兰花的历史发展过程

17世纪：大部分兰花种类被发现、描述和绘图。

18世纪：1753年，博物学家林奈对植物进行了科学的命名，建立了植物拉丁文"双名命名法"。在他制订的植物分类和命名的准则中，兰花Orchis被定为阴性词。1759年，英国皇家植物园邱园建立。1778年Dr. John Fotherrdill来中国旅行，他把中国华南地区所产的建兰（*Cymbidium ensifolium*）与鹤顶兰（*Phaius tancarvilleae*）首次带回了英国。

19世纪：1804年，英国设立皇家园艺学会，开始大力推广园艺活动与事业，正式出现了兰花的商业性栽培。植物猎人开始在全世界搜寻兰花，并且掀起了兰花狂热。

20世纪，女权主义者们发动了反对兰花和兰花热的行动。第一次世界大战彻底埋葬兰花热，兰花得以进入社会各阶层。兰花分类在20世纪初完成。

（三）　西方兰花代表品种的产生历程

1. 卡特兰

卡特兰出现在世界面前，颇有些"买珠得椟"的意味。1818年英国人威廉·斯威逊

卡特兰品种

Cattleya hybrid

（William Swainson）在巴西里约热内卢近郊的森林里采集植物，当他需要绳子捆扎时，他随手扯下了树干的一个藤蔓，然后这捆植物被运到了英国。园艺学家威廉·卡特列（William Cattley）对这个捆扎绳颇为好奇，随手将它们栽种在邱园的温室中。几年后的一个秋天，邱园的温室里竟开出了迷人的硕大花朵。兰科专家林德利博士（Dr. John Lindley）认定这是一个兰花新属，并以威廉·卡特列的姓氏命名为*Cattleya*。

2. 蝴蝶兰

人们最早发现的蝴蝶兰是白花蝴蝶兰。荷兰植物学家Blume博士在担任爪哇茂物植物园（Bogor Botanical Gardens）园长时非常热衷于植物采集。他曾深入到爪哇南部的Noesa Kembangan岛采集植物，当时这个岛屿还是人迹罕至之地。他一路翻山越岭走到了一条溪谷边，举起望远镜四下搜寻，看到对岸有一群白色的蝴蝶，细看这群蝴蝶似有异样，它们停在树干上一动不动。他爬到河对岸那棵树下，才看清楚它们是一丛花似蝴蝶的美丽的白色兰花。Blume博士将它们采集到植物园中，并且命名为*Phalaenopsis amabilis*（美丽蝴蝶兰）。Phalaenopsis在希腊语中意思是花形似蝶。

三、兰花文化

兰花文化是人们在对兰花特性认识的基础上，将兰花的自然属性与人的品格、情操进行类比，并逐步形成关联，进而形成的一种社会普遍认同的观念。兰花文化具有很强的民族性和地域性。在中国，兰花自古以来就是"高雅"和"君子"的象征，人们以兰花陶冶情操、寄托情感，形成了独特的中国兰花文化。西方兰花文化则颇具传奇和神秘的色彩，与中国兰花文化有着明显的区别。

（一）兰花与神话故事

1. Orchis的神话故事

在希腊神话故事中，Orchis是自然女神Nymph和森林之神Satyr的儿子，他有母亲的美貌和父亲强大的性欲。有一次，在酒神巴克斯的宴会上，Orchis企图强奸一位女祭司，犯下了亵渎之罪。掌管量刑的命运三女神判决他被野兽扯下四肢。在众神的干预以及父亲的祈祷下，Orchis的躯体变成了一株谦逊而纤细的植物，然而他的狂怒却并未消失。Orchis的祸根转移到了地下变成了块茎，外形与给他带来不幸的器官极为神似。

2. 维纳斯女神与"拖鞋兰"

杓兰属（*Cypripedium*）植物的花有拖鞋样的唇瓣，在欧洲以"维纳斯的拖鞋"而闻名。一天，女神维纳斯与他的恋人阿多尼斯外出打猎，恰逢雷雨，于是他们躲进山洞里避雨并发生了亲密关系。但是事后，维纳斯却发现自己的拖鞋找不到了。暴风雨过后，一个凡人巧逢维纳斯的拖鞋，当他刚想触碰拖鞋的时候，拖鞋瞬间变成了一朵美丽的兰花，花的唇瓣状似拖鞋，连它的颜色也与鞋子的颜色相差无二。林奈将杓兰属植物命名为"*Cypripedium*"。"Cyprus"的意思是塞浦路斯，"Paillon"的意思是小鞋子。

（二）　兰花与文学

兰花被中国历代的文人所称颂，留下了许多传世的经典篇章。师仙李白有《咏兰诗》，诗云"为草当作兰，为木当作松。兰秋香风远，松寒不改容。松兰相因依，萧艾徒丰茸"。诗以兰松操节相同而相互依存，相随远行，来说明物以类聚、人以群分的道理。朱德委员长爱兰、养兰、咏兰，留下诸多诗文名篇。1961年他在广州写下了《咏兰》诗一首："越秀公园花木林，百花齐放各争春。惟有兰花香正好，一时名贵五羊城。"

（三）　兰花与绘画

兰花与"岁寒三友"梅、竹、菊俗称为"四君子"，是花鸟画一个经久不衰的题材，诞生了不少名家名作。南宋画家赵孟坚首创了用墨写兰（墨兰）的画法，有其著名的《墨兰图》传世，《墨兰图》现存北京故宫博物院。宋末郑思肖以画"露根兰"（即画兰不画土）出名，寄寓他的无土亡国之痛。郑思肖的《墨兰图》藏日本大阪市立美术馆。清代著名画家郑板桥尤以画兰、竹见称，有著名的《荆棘丛兰图》。

8

第八节
Section Eight

一起来赏兰

古今中外赏兰花

我的第一本兰花书

东西方兰花鉴赏的差异

东西方人对兰花的欣赏全然不同，西方欣赏的兰花多为蝴蝶兰属、卡特兰属、石斛属等花大色艳的种类，在育种上追求花大色艳以及花型的奇特。西方的欣赏注重直接的美。东方人尤其是中国人把兰花比作君子之花，审美上也注重追求兰花的"色、香、韵、姿"，即颜色素雅、花香清幽、身姿优美、叶片飘逸等。东方人欣赏的国兰是含蓄的，追求意境以及花之外的神韵。

世界各民族眼中的真兰

"兰"字的意义在各民族的观念中都有它的特指，世界各地区所称谓的兰，最初都只是指代某一个或一些植物。中国所谓的兰专指兰科兰属植物。在印度，则认为万代兰才是兰。印第安人却以为香荚兰才是真兰。欧洲人一向所称的兰花是红门兰。但在印度尼西亚群岛，所谓兰花，却指的是蝴蝶兰。

广布红门兰*Orchis chusua*

春兰*Cymbidium goeringii*

虎斑蝴蝶兰*Phalaenopsis schilleriana*

一、国兰鉴赏

新手入门术语

香气： 香气纯正为上品，无香不可取。

花色： 传统上绿色为最佳。

肩： 侧萼片着生的形态，主要有平肩、飞肩、落肩，平肩为上品。

捧： 指花瓣中除唇瓣之外的两枚花瓣的着生形态。有蚕蛾捧、观音捧、蚌壳捧、蒲扇捧、馨口捧、短棒捧，其中蚕蛾捧为上品。

舌： 即唇瓣，有刘海舌、大园舌、如意舌、大铺舌、龙吞舌。舌以短圆、宽大、不反卷、端正为上品，舌颜色以淡绿、白色为好。

苔： 即舌上附着的茸状物。

朱点： 点缀在舌上的红点，以颜色鲜艳、清晰、明亮，形态规则为上品。

鼻： 即合蕊柱，以形状小而平整，捧能盖住，方显得花型俊俏传神，是为上品。

（一）瓣型

我国兰花长久以来的鉴赏理论以瓣型为核心，追求花型的端庄、圆润和饱满，并以瓣型为指导选育名品，其中以梅瓣、荷瓣、水仙瓣最受推崇。周恩来总理赠送给日本友人松村谦三先生的春兰‘环球荷鼎'是荷瓣型兰花。

——

荷瓣兰花名品：春兰‘黄花大富贵'
Cymbidium goeringii ‘Huanghua Dafugui'

水仙瓣兰花名品：春兰‘龙字'
Cymbidium goeringii ‘Longzi'

梅瓣兰花名品：春兰‘宋梅'
Cymbidium goeringii ‘Songmei'

（二）花色

兰花花色主要有素瓣和复色瓣两种，传统上绿色为最佳。素瓣兰不光唇瓣无杂点，而且与主副瓣和捧均为一色。云南的传统名品，'大雪素'和'小雪素'是素瓣兰中的珍品。如唇瓣无杂色，但与主副瓣和捧不为一色，便是素心兰。复色瓣主要有爪花、缟花、覆轮花和斑花4种。

莲瓣兰'大雪素'
Cymbidium tortisepalum 'Daxuesu'

莲瓣兰'小雪素'
Cymbidium tortisepalum 'Xiaoxuesu'

豆瓣兰'素荷'
Cymbidium serratum 'Suhe'

（三）花型

兰花的花型主要有一字肩、平肩、三角、落肩、叉腿开放、抱团、反向开放、纸鹤、飞肩等多种类型。

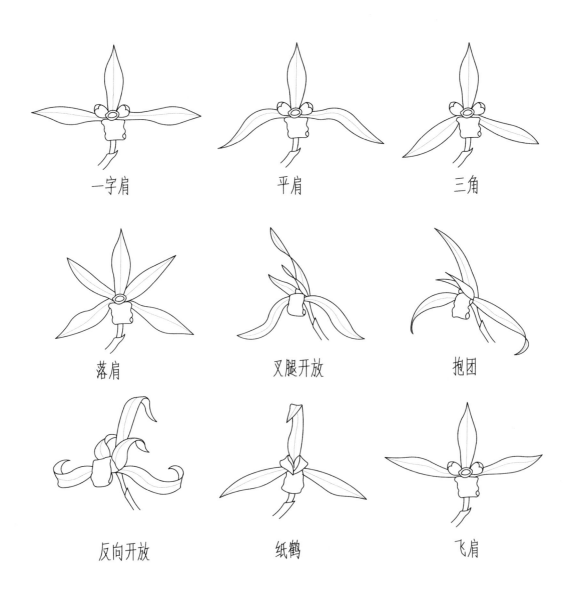

一字肩　　　　　　　平肩　　　　　　　三角

落肩　　　　　　叉腿开放　　　　　　抱团

反向开放　　　　　纸鹤　　　　　　飞肩

（四）叶艺

兰花叶片上白色或黄色的条纹和斑，称为叶艺。20世纪80年代以来，叶艺受到兰界的重视。花艺只能欣赏半个月，叶艺则能欣赏全年。

中透艺（墨兰'大石马'
Cymbidium sinense 'Dashima'）

中透艺
（墨兰'富贵'*Cymbidium sinense* 'Fugui'）

线艺（春剑
Cymbidium tortisepalum var. *longibracteatum*）

图斑艺（墨兰'晶彩金太阳'
Cymbidium sinense 'Jingcai Jintaiyang'）

（五）叶型

兰花的叶型有半立叶、立叶、卷叶、垂叶、半垂叶等多种类型。

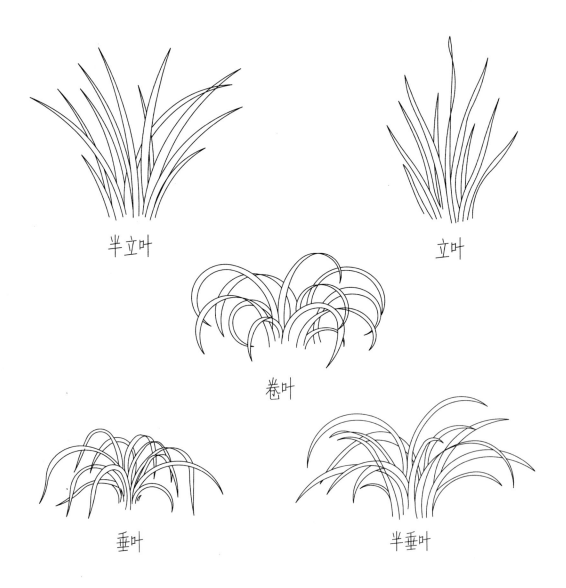

半立叶

立叶

卷叶

垂叶

半垂叶

（六）香气

香气纯正为上品，无香不可取。

国兰名品欣赏

春兰'龙字'
Cymbidium goeringii
'Longzi'

春兰'宋梅'
Cymbidium goeringii
'Songmei'

春兰'万字'
Cymbidium goeringii 'Wanzi'

春兰'汪字'
Cymbidium goeringii 'Wangzi'

春剑'霓裳仙子'
Cymbidium tortisepalum var. *longibracteatum*
'Nishang Xianzi'

春兰'汉宫碧玉'
Cymbidium goeringii
'Hangong Biyu'

春兰'大富贵'
Cymbidium goeringii 'Dafugui'

春兰'盛世牡丹'
Cymbidium goeringii 'Shengshi Mudan'

豆瓣兰'黄荷'
Cymbidium serratum 'Huanghe'

春兰'大元宝' *Cymbidium goeringii* 'Dayuanbao'

春兰'逸品'
Cymbidium goeringii 'Yipin'

豆瓣兰'红河红'
Cymbidium serratum 'Honghehong'

春兰'翠盖荷'
Cymbidium goeringii
'Cuigaihe'

莲瓣兰'天使荷'
Cymbidium tortisepalum 'Tianshihe'

寒兰'寒素三星'
Cymbidium kanran 'Hansusanxing'

寒兰'心心相印'
Cymbidium kanran
'Xinxinxiangyin'

寒兰'秋月'
Cymbidium kanran 'Qiuyue'

蕙兰'陶宝'

Cymbidium faberi 'Taobao'

建兰'玫瑰妖姬'

Cymbidium ensifolium 'Meigui Yaoji'

莲瓣兰'金沙树菊'

Cymbidium tortisepalum 'Jinsha Shuju'

建兰'墨宝'

Cymbidium ensifolium 'Mobao'

莲瓣兰'中国龙'

Cymbidium tortisepalum 'Zhongguolong'

莲瓣兰'汗血宝马'

Cymbidium tortisepalum

'Hanxue Baoma'

莲瓣兰'云上童子'

Cymbidium tortisepalum

'Yunshang Tongzi'

墨兰'桃姬'

Cymbidium sinense

'Taoji'

蕙兰'大一品'

Cymbidium faberi 'Dayipin'

莲瓣兰'碧龙红素'
Cymbidium tortisepalum
'Bilong Hongsu'

莲瓣兰'素冠荷鼎'
Cymbidium tortisepalum
'Suguan Heding'

二、洋兰鉴赏

相对于国兰鉴赏中浓郁的文化色彩，洋兰的鉴赏很直接，主要是追求视觉方面的效果。洋兰的鉴赏，一般以其花型、花色、花瓣质地、香气、花期等性状为主。不同种类的洋兰欣赏重点会有差异，但总体上还是包括花色、花型、花瓣质地三个方面。

（一） 蝴蝶兰

蝴蝶兰因花型似蝴蝶得名，其花姿优美，颜色华丽，为热带兰中的珍品，有"兰中皇后"之美誉。

蝴蝶兰'兄弟姐妹'
Phalaenopsis 'Brother Girl'

蝴蝶兰'光芒四射'
Phalaenopsis 'Formosa Sunrise'

蝴蝶兰'安娜'
Phalaenopsis 'Anna'

蝴蝶兰'藏宝图'
Phalaenopsis 'Fuller's 3545'

蝴蝶兰'V3'
Phalaenopsis 'V3'

‘天堂之港’卡特兰
X *Rhyncholaeliocattleya* ‘Ports of Paradise’

（二）卡特兰

卡特兰是洋兰中花朵最大、色彩最艳的种类，卡特兰适应性极强，国际上有"洋兰之王"的美誉。目前所称的卡特兰是卡特兰属、卡特兰属的近缘属与杂交后代的统称。2019年北京世园会卡特兰‘天堂之港’获特等奖。

红唇卡特兰 *Cattleya trianae*

卡特兰
Cattleya labiata

紫唇卡特兰 *Cattleya amethystoglossa*　　两色卡特兰 *Cattleya bicolor*

极丽卡特兰 *Cattleya lueddemanniana*

马克西玛卡特兰 *Cattleya maxima*

珀西瓦尔卡特兰 *Cattleya percivaliana*

'天使'走路人卡特兰
Cattleya walkeriana 'Angel'

危地马拉卡特兰 *Cattleya guatemalensis*

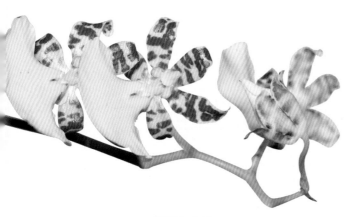

华彩文心兰
Oncidium splendidum

（三）文心兰

文心兰植株轻巧、潇洒，花茎轻盈下垂，花朵奇异可爱，形似飞翔的金蝶，极富动感，是世界上重要的盆花和切花种类之一。

'魔幻'文心兰 *Oncidium* 'Magic'

满天星文心兰
Oncidium obryzatum

'黄金2号'文心兰
Oncidium Gower Ramsey 'Gold 2'

扇形文心兰
Oncidium pusillum

报春石斛
Dendrobium polyanthum

（四）石斛兰

石斛兰花色甚多，颜色深浅不同，有粉红色、黄色、白色等多种明亮而华丽的颜色，是当今非常流行的洋兰品种。

束花石斛
Dendrobium chrysanthum

'橘色'羚羊石斛
Dendrobium tangerinum
'Orange'

人面石斛
Dendrobium macrophyllum

鼓槌石斛 *Dendrobium chrysotoxum*

红花石斛 *Dendrobium miyakei*

绿宝石石斛
Dendrobium smillieae

小蓝万代兰
Vanda coerulescens

（五）万代兰

万代兰是最具南国情调的洋兰。一枝花茎上可开出好几朵花，花型较大，花姿雍容华贵、优雅动人。

Vanda Keeree × Chindavat

Vanda Dr. Anek

大花万代兰 *Vanda coerulea*

叉唇万代兰
Vanda cristata

大花蕙兰'漫月'
Cymbidium Mighty Tracey
'Moon Walk'

大花蕙兰'飞碟'
Cymbidium 'UFO Color'

大花蕙兰'绿帝王'
Cymbidium 'Frigdaas
Green King'

（六） 大花蕙兰

大花蕙兰花期长，耐性好，花量多，色泽鲜艳，而且色系丰富。它不仅具有国兰的幽香典雅，又有洋兰的丰富多彩，深受人们的喜爱。

大花蕙兰'红瀑布'
Cymbidium 'Mystique'

大花蕙兰'韩国小姐'
Cymbidium 'Miss Korea'

大花蕙兰'开心果'
Cymbidium Dorothy Stockstill 'Forgotten Fruits'

兰之国花

兰花是许多国家的国花。新加坡的国花是'卓锦'万代兰（*Vanda* 'Miss Joaquim'），委内瑞拉的国花是委内瑞拉卡特兰（*Cattleya mossiae*），哥伦比亚的国花是红唇卡特兰（*Cattleya trianae*），印度尼西亚的国花之一是美丽蝴蝶兰（*Phalaenopsis amabilis*），洪都拉斯的国花是须唇喙果兰（*Rhyncholaelia digbyana*），哥斯达黎加的国花是哥丽兰（*Gameuarianthe skinneri*），巴拿马的国花是鸽子兰（*Peristeria elata*），伯利兹的国花是章鱼兰（*Prosthechea cochleata*）。

红唇卡特兰
Cattleya trianae

美丽蝴蝶兰
Phalaenopsis amabilis

'卓锦' 万代兰
Vanda 'Miss Joaquim'

哥丽兰*Guarianthe skinneri*

鸽子兰*Peristeria elata*

委内瑞拉卡特兰
Cattleya mossiae

须唇喙果兰
Rhyncholaelia digbyana

章鱼兰
Prosthechea cochleata

第九节

漂亮兰花是天生的吗？

兰花新品种选育

　　目前世界上有超过20万的兰花品种，而且每年以1 000种的速度增加。高颜值的观赏兰花多为人工选育的新品种。选育兰花新品种的途径主要有引种驯化（我国栽培的国兰品种绝大多数都是由野生种类引种驯化而来的）、杂交、诱变、多倍体、转基因和基因编辑等，其中最常用的手段是杂交育种。

一、杂交育种

　　兰花的杂交育种始于19世纪50年代。杂交育种是将基因型不同的亲本进行交配，产生杂交种子，通过培育选择，获得新品种的方法。利用杂交育种，可以创造出自然界原本没有的新株型、花色、花型、花序排列，也可以延长花期，产生香气，增强抗病虫性等。兰花杂交育种不但在品种间、种间开展，而且还在属间进行远缘杂交，甚至育成了由7个属杂交产生的集体杂种。目前，常见的商品洋兰如卡特兰、蝴蝶兰、文心兰、兜兰、大花蕙兰几乎全是杂交种。

父本：象牙白
Cymbidium maguanense

母本：西藏虎头兰
Cymbidium tracyanum

杂交品种象牙虎头兰
Cymbidium tracyanum
× *C. maguanense*

伟大的首次

　　世界上首次通过人工杂交成功育成兰花新品是在1856年。韦奇兄弟兰花公司的杜米尼John Dominy用引自亚洲热带的三褶虾脊兰（*Calanthe triplicata*）与长距虾脊兰（*Calanthe sylvatica*）杂交，成功育成了世界上首个兰花杂交种，并以他的名字命名为杜米尼虾脊兰（*Calanthe × dominyi*）。同年，杜米尼又用引自巴西的斑花卡特兰（*Cattleya guttata*）与引自巴拿马的罗氏卡特兰（*Cattleya loddigesii*）杂交，育成了世界上首个人工杂交的卡特兰新品种。至此揭开了兰花杂交育种的美丽篇章，并一发不可收拾。

长距虾脊兰
Calanthe sylvatica

三褶虾脊兰*Calanthe triplicata*

'中科COP15'兜兰

　　你知道'中科COP15'兜兰吗？它是华南植物园为纪念COP15大会（联合国《生物多样性公约》第十五次缔约方大会）选育的兜兰新品种。它是'绿魔帝'兜兰（*Paphiopedilum* Maudiae）和'南植云之君'兜兰（*Paphiopedilum* 'SCBG Yunzhijun'）杂交的后代。'中科COP15'兜兰（*Paphiopedilum* 'SCBG COP15'）与另一个杂交品种'文菲'兜兰（*Paphiopedilum* 'Wenfei'）获得了第十届中国花卉博览会展品金奖。另外华南植物园通过杂交选育的'南植之星'兜兰（*Paphiopedilum* 'SCBG Star'）和'中科紫点'兜兰（*Paphiopedilum* 'SCBG Purple spots'）获得了2019年中国北京世界园艺博览会特等奖。

'绿魔帝'兜兰
Paphiopedilum Maudiae

'南植云之君'兜兰
Paphiopedilum 'SCBG Yunzhijun'

'中科COP15'兜兰
Paphiopedilum 'SCBG COP15'

'文菲'兜兰
Paphiopedilum 'Wenfei'

'中科紫点'兜兰
Paphiopedilum 'SCBG
Purple spots'

'南植之星'兜兰
Paphiopedilum 'SCBG Star'

二、转基因育种

兰花的转基因育种是利用生物或物理手段将外源目的基因导入兰花植株体内并使之表达，从而改良花型、花色、花香、株型等性状，进而选育出优良新品种。转基因育种的主要技术手段有花粉管通道法、基因枪法和农杆菌介导法。

基因枪

基因枪法育种是利用基因枪装置产生的高压氦气冲击波，加速用钨粉或金粉包裹的外源DNA微弹，使其穿透植物的细胞壁和细胞膜，使外源DNA进入植物细胞并整合到植物细胞染色体组中，并达到稳定遗传和表达，产生新的品种。

三、基因编辑育种

基因编辑是新兴的育种技术。同转基因育种不同，基因编辑不转入外源基因，只是对兰花自身的基因进行编辑和修饰。基因编辑首先要在兰花的基因组上精准地找到目标基因，然后进行如外科手术般精准的遗传操作。

基因剪刀

横空出世的CRISPR-Cas9是一项风靡生物界的新的基因编辑技术，具有简单高效的优点，在基础科学研究、人类基因治疗与作物遗传育种等领域得到了广泛的应用。CRISPR-Cas9系统主要由两个元件组成，一个是负责切割DNA序列的核酸酶Cas9，另一个是负责在基因组上精确定位的Guide RNA，它们俩就像剪刀和尺子一样，在基因组上精准地找到需要编辑的位置，并进行剪切。

凤蝶兰
Papilionanthe teres

新加坡的兰花

新加坡卓有成效的兰花育种在世界上享有盛誉。新加坡兰花园的杂交育种开始于1983年。一位叫安杰思（Anges Joaquim）的马来西亚小姐某天在她的花园中发现一株花色很奇特的万代兰，她把这株万代兰带给了新加坡植物园的亨利（Henry Ridley）先生，当时亨利先生认定其是凤蝶万代兰（*Vanda teres*）和金耳万代兰（*V. hookeriana*）的杂交种（它们现被定为凤蝶兰*Papilionanthe teres*和金耳凤蝶兰*P. hookerianum*），这两种兰花都生长在安杰思小姐的花园中。亨利先生的继任者霍尔特姆（Richard Holttum）教授受到安杰思小姐带来的凤蝶兰杂交种的启发，开始致力于兰花育种工作。人们对这项工作的热度一直持续到现在。安杰思小姐的万代兰就是著名的新加坡国花'卓锦'万代兰（*Vanda* 'Miss Joaquim'）。

'卓锦'万代兰*Vanda* 'Miss Joaquim'

想拥有自己的兰花吗?

兰花的种养与繁殖

一、栽培盆器和基质

栽培兰花的盆器种类繁多，兰花的习性不同，盆器的材料、形状亦有不同。各类盆器应根据所要栽植兰花的大小、种类、长势和栽培目的进行选择，常见的盆器有塑料盆、木条框、吊盆、陶盆和木段。

兰花的栽培基质需要通气、松软、透水性好，呈微酸性，当然也需要有充分的养分供应。附生兰的栽培基质主要有树皮碎屑、水苔、锯末、兰花石、陶粒、泥炭土，地生兰的栽培基质主要是塘泥和腐叶土，栽培时还需要准备垫盆底的碎瓦片、砖块、石头等。

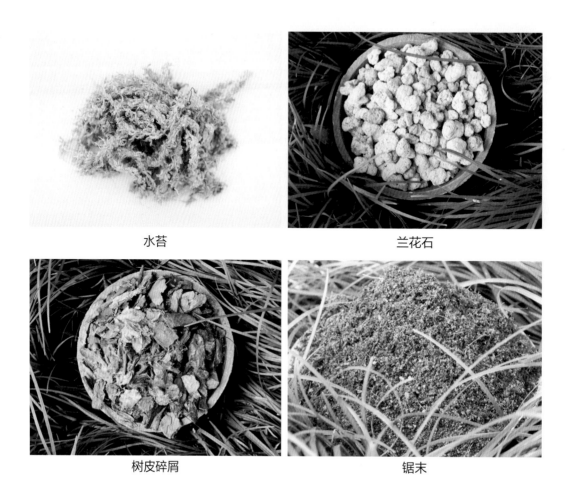

水苔　　　　　　　　　　兰花石

树皮碎屑　　　　　　　　锯末

二、附生兰

大部分附生兰适宜无土栽培，栽培基质更需要疏水和透气。附生兰的栽培方法主要有吊盆栽植法、绑缚栽植法和盆栽法。

卡特兰的吊盆栽植法

石斛的绑缚栽植法

树兰的吊盆栽植法

三、地生兰

地生兰采用盆栽和地栽的方法。在栽植地生兰前，需要去除腐根及伤根，操作时工具需要消毒处理。地生兰栽培基质的质地要比附生兰细一些，可以用单一基质，也可以数种基质混合使用。栽培地生兰时，先在盆器底部铺一层大颗粒的兰花石，利于透水、透气，再将兰花植株放置于盆器中心、添加栽培基质，最后用手按压固定。

盆栽

地栽

四、兰花的繁殖方法

兰花的繁殖方法主要有分株繁殖、无菌播种和组织培养。兰花家庭种养主要采用分株繁殖的方法，商品化生产主要是通过无菌播种和组织培养技术实现的。兰花的茎尖、叶片、种子甚至花瓣、萼片、子房、花梗、侧芽、花芽、茎段、根等都可以作为组织培养的外植体材料。组织培养过程大体可以分为：取材、处理及接种、诱导培养、继代培养、生根培养与壮苗、炼苗与移栽。兰花种子自然发芽率很低，利用无菌方式来繁殖，其发芽率会大幅度提高，无菌繁殖过程与组织培养大体相同，只是外植体为消毒后的种子。

兰花组织培养室

种子播种

种子萌发

原球茎形成

原球茎增殖

原球茎分化成幼苗

幼苗生根培养

移栽

兜兰无菌插种

五、兰花种养DIY

（一）庭院地栽墨兰

墨兰'金嘴'
Cymbidium sinense 'Jinzui'

广东是墨兰的自然分布区，墨兰可进行露天地栽。在广州地区，若拥有自己的小院子，完全可以种几畦墨兰，若还可以置石理水，那么营建出高雅的景观并不难。植物园兰园里露天地栽的墨兰可以年年复花，长势远远好于盆栽。

地栽墨兰的宗旨是仿造墨兰的自然生境。第一步是选址，选址一定要注意利水和适宜的光照。积水会导致烂根，太晒会使叶子发黄、焦尾，积水和暴晒都会使兰苗死亡，墨兰也忌全遮阴而见不到阳光。借助树荫是营造适宜光照的很好的方法。若院子里有大树，树下不积水，便可在树下种植墨兰。第二步是土壤改良，土壤改良的目的是利水透气。首先要将原土挖出约30厘米，最下面铺一层陶粒，约5厘米，再用碎石、树皮、椰糠和泥炭土组成的混合基质回填，兰花要栽种到回填的基质里。栽种时不能栽得太深，要使根自然展开，基质到假鳞茎一半即可。淋水要淋透，保持润而不湿，切忌淋水过多。若有条件安装喷雾，不但可以增加湿度，有利于兰花的生长，而且可以营造良好的景观效果。施肥以有机肥为主，出花

墨兰'银边'
Cymbidium sinense 'Yinbian'

墨兰'企黑'
Cymbidium sinense 'Qihei'

芽时可施速效无机磷钾肥，忌浓肥。

注意事项： 地栽墨兰生长过程中一定要注意防治兰花黑斑病，要是发现叶子出现了黑斑点，需要将长黑斑的叶片及时给剪掉，然后带到远离兰花的地方进行处理。然后，要在伤口处涂抹多菌灵进行消毒。另外，要对得病兰苗及周围的土壤喷洒托布津溶液，进行全面杀菌。另外要注意冬季的极端低温，如气温低于5℃，要注意保暖。

墨兰 '白墨'
Cymbidium sinense 'Baimo'

（二）墙体附植石斛兰

在自家院墙上附植石斛兰绝对雅致且富有自然的意趣。墙体可以做成水瀑，石头错落有致地从墙体上突出来，石斛兰可以附植在墙头和突出的石头上。植物园经过多年尝试，易栽种且景观效果良好的种类有石斛、杓唇石斛、聚石斛、美花石斛等，尤以杓唇石斛最易栽种。杓唇石斛附植在兰园的墙头上、池水边的石头上，翠绿葱茏，且年年开花。

附植石斛兰需要水苔和铁线，首先在需要附植石斛兰的石体上放一层水苔，将石斛兰的根理顺放在水苔上，再放一层水苔盖住石斛兰的根部，再用铁线牢牢固定。另外也可将石斛兰附植在适宜大小的木板上，再固定到墙体上。栽植完毕后，可以在水苔上喷洒多菌灵进行消毒。

注意事项： 水苔不能太厚，否则石斛兰将会因过湿而烂根。淋水要使得水苔润而不湿为宜，施肥可以用缓释肥，包藏在水苔中。

（三）家居室内种养兰花

1. 蝴蝶兰

蝴蝶兰是家居室内种养最多的兰花。蝴蝶兰原产于热带亚洲，对温度要求较高，较耐荫耐旱。

栽培方法： 蝴蝶兰是附生兰，可用盆栽或吊盆栽植，采用水苔和树皮碎屑的混合基质。

温度：蝴蝶兰需要较高的温度，白天最适生长温度是25～28℃，夜间是18～20℃，冬季温度不能低于15℃。

光照：夏季需要60%的遮光度，冬季也需要40%的遮光度。

浇水：6～9月是蝴蝶兰的生长旺盛期，2～3天需要浇1次水。冬季蝴蝶兰生长缓慢，约半个月浇1次水，仅淋湿植料即可，低温下滞留在叶面上的水很容易造成腐烂。

施肥：生长旺盛期1～2周施1次肥，开花期和冬季暂停施肥。

蝴蝶兰花芽的形成需要经过一段时间的低温处理。家养蝴蝶兰想要来年复花，9月份应将兰株移到房间内，开空调降温，空调温度需在20℃左右，等兰株长出花芽后，进行正常养护，来年便可复花。

2．大花蕙兰

和蝴蝶兰一样，大花蕙兰也是家居室内种养最多的兰花。

栽培方法：大花蕙兰是一类半地生兰花，可盆栽。大花蕙兰植株较大，应选择与之相适应的盆器。种养基质可采用腐叶土、碎石和碎木屑的混合基质。

温度：大花蕙兰最适生长温度为10～20℃，冬季可耐受3℃的低温，大花蕙兰是喜欢冷凉而不喜欢酷热的兰花，安然度过夏季的高温非常重要，当夏季温度超过25℃时，需要将兰株移入空调室内，人与兰共享冷气是一个妙招。冷刺激对花芽的发育是非常必要的。

光照：夏季需要50%遮光，冬季可不遮光。

浇水：夏季每日浇水1～2次为宜。秋冬季节是大花蕙兰花芽生发的时节，浇水可减少到3天1次，以保护花芽的正常生长和发育。春季正值大花蕙兰花期，此时不可多浇水，5～7天1次为宜，浇水过多会使花朵产生褐斑。

施肥：可在花盆中放少量缓释肥，平日每周用稀释1 000倍的液肥追肥。

3．文心兰

文心兰是一类可粗生快长的附生兰，花期不固定，植株成熟即能开花，对新手非常友好。

栽培方法： 盆栽或吊盆栽植均可，栽培基质单独使用碎木屑即可。

温度： 文心兰的适生温度在20～30℃，冬季可耐受的最低温度为10℃，华南地区可露天栽培。

光照： 文心兰是喜欢光照的兰花，盛夏时需要有30%～50%的遮光，其他季节避开阳光直射即可。

浇水： 见干即浇，生长旺盛季节每天可浇1～2次，秋天2～3天1次，冬季可停止浇水，保持基质表面湿润即可。

施肥： 文心兰喜肥，生长旺盛期7～10天施肥1次，冬季停止施肥。

4. 石斛兰

石斛是花色丰富、生长强健的附生兰，有落叶石斛和常绿石斛两大类。

栽培方法： 盆栽或吊盆栽植，基质以碎木屑为主，混合水苔等其他材料均可。

温度： 石斛兰性喜高温高湿，落叶石斛冬季夜间温度可低至10℃左右或更低，常绿种类则不可低于15℃，较大的昼夜温差非常必要，若温差过小对石斛兰的生长和开花会产生不利影响，10～15℃的温差较为适宜。

光照： 石斛兰喜半阴环境，在春夏季节生长旺盛，需要60%～70%的遮光，冬季石斛兰进入休眠期，需要较多的阳光，一般遮光20%～30%，或不遮光。

浇水： 生长旺盛季节每天浇水1～2次，寒冷季节停止浇水，维持基质湿润即可。

施肥： 石斛兰喜薄肥勤施，生长期每隔7～10天可施肥1次，休眠期间则应停止施肥。

5. 卡特兰

卡特兰是原产于热带美洲的附生兰，喜温暖、潮湿和充足的光照，卡特兰是比较耐干旱的兰花，华南地区可在露天或者家居室内栽培，其他地区需要温棚。

栽培方法： 盆栽或吊盆栽植。基质可选择碎树皮与蛇木屑的混合基质。

温度： 白天最适温度为25～30℃，夜间15～20℃，越冬温度要在10℃以上。

光照： 卡特兰喜欢阳光，但不能长时间阳光直射，夏季需要50%～60%遮光，冬季则无需遮光。

浇水：生长旺盛期1～3天浇水1次，冬季生长缓慢期可暂停浇水，但要喷湿基质，保持基质湿润，喷雾是保持湿度的好方法。

施肥：在春、夏、秋生长期每周可施肥1次，冬季和开花期可暂停施肥。如果想要让长出花苞的卡特兰早点开花，用剪刀剪去花苞片的尖端是一个很有效的方法，因为这样做可以让花蕾顺利地伸出，花朵会提早7～10天开放。

6. 万代兰

万代兰喜欢高温、高湿，是典型的热带洋兰。多数万代兰在热带以外地区栽培需要兰棚和温室，同时也需要良好的通风和保温设施。也有一些原产西南和华南地区的原生万代兰种类，如纯色万代兰、白柱万代兰和琴唇万代兰，能够露地栽培和越冬。

栽培方法：万代兰是附生兰，小苗可用盆栽法，大苗则需用吊盆栽植。盆栽的小苗可用单一基质，如椰壳，大苗需使用混合基质，且以疏松为宜。

光照：万代兰需要较强的光照，夏季遮光20%～30%，其他季节则可在全日照下生长。

温度：万代兰在18～35℃之间均可生长，但25～32℃是最适宜的生长与开花的温度，冬季10℃以下则需要预防寒冷。

浇水：春夏季节每天需浇水2次，同时可用喷雾加湿，秋冬季节至翌年早春则应逐渐减少浇水，这样可促使开花。

施肥：万代兰用吊盆法栽植，施肥时可将长效肥用纱布包裹后吊在根部附近，除此之外，每2～3周可喷施1次水溶性速效肥，冬季增加磷肥的供应可促进植株开花。

六、 常见病虫害防治

危害兰花的病虫害很多，病害有生理性病害和病理性病害两大类。虫害以吸食兰花汁液的昆虫居多，也有咬食兰花叶子和花的害虫，如蜗牛、蛞蝓。室内害虫和小动物也会咬食兰花的茎叶尤其是嫩芽，对兰花造成严重的伤害。

（一）生理性疾病

兰花的生理性疾病是由于栽培环境不良而引起的，症状是植株腐烂、叶变色、畸形、焦枯、黄化和萎蔫。改良栽培环境和对症治疗是防治生理性病害的有效手段。叶尖和叶缘焦枯症是兰花非常常见的疾病，引起疾病的原因与空气太干燥、阳光太猛烈、浇水不足、盆体太小挤压根系或者根尖干枯坏死等有关，需要对症排除不良因素。叶片黄化病也是家养兰花常见的疾病，用自来水浇兰花是主要诱因，自来水偏碱性并且可以挥发氯气，要尽量避免用自来水浇兰花，水质偏碱则可滴几滴食醋。若有条件可以收集雨水来浇花。日灼病是光照太强引起的，需要适当遮阴。植株软弱病则是光线不足所致，需要适当增加光照。软根病是浇水过多所致，需要减少浇水，将兰盆在差异很大的环境之间挪移也会造成落蕾。植株皱缩症主要是长期缺水干旱引起，应立即补充水分。冻伤无疑是低温所致，需立即采取升温措施。

（二）真菌性病害

兰花最常患的真菌性病害有炭疽病、疫霉病、白绢病。

炭疽病是高发并且传染性很强的病害，防治不力会累及所有兰株。通风不良和湿热容易诱发此病，7—9月天气高温多湿，是炭疽病最容易发病的时期。

症状：叶片上会出现许多黑褐色或者淡褐色的椭圆形病斑。

防治方法：加强肥水管理，提高兰花的抗病性，生长期多施磷钾肥，减少氮肥的施用。高温、高湿季节要加强空气流通，降低空气湿度。一旦发现炭疽病首先要剪掉病叶并烧毁，另外可喷施50%多菌灵800倍液或炭疽福美600倍液，每7~10天喷施1次，连续3次。香烟可用来防治炭疽病，家养兰花数量不多时，可用点燃的香烟来烫烧炭疽病病斑。

疫霉病主要在高温、高湿的夏季发生，室内通风不良是主要诱因。

症状：染病初期兰株基部会发黑并腐烂，之后会逐渐累及全株，引起根腐，最终使兰花猝倒死亡。

防治方法：加强肥水管理，避免过量使用氮肥，加强通风透气。对已患病兰株要控水，确保其不被水淋到，另外可喷施50%百菌清800倍液或72%锌锰克绝可湿性粉剂

500倍液，每7～10天喷1次，连续3次。对于病株上产生的伤口，要用代森锰锌均匀涂抹，并放置于干燥通风处晾干。

白绢病在8—9月高发，酸性沙质土壤、被病菌污染过的花盆和基质等容易引发此病。

症状： 染病初期兰株茎基部可见白色菌丝，之后会变成褐色并成水渍状腐烂，最终导致假鳞茎腐化，引起全株死亡。

防治方法： 栽培基质要经过消毒（一般用蒸汽消毒，家庭可用锅蒸，之后晾干备用），且不宜在基质中混入浓度过高的有机肥。发病初期要及时摘除发病的叶片，用甲基托布津1 000倍液喷施花盆后对兰株进行换盆，同时要把病株和正常植株隔离，防止正常植株感染，喷施50%福多宁可湿性粉剂3 000倍液，每7～10天喷1次，连续3次。

（三）细菌性病害

兰花最常患的细菌性病害有叶枯病和软腐病。

叶枯病在高温多湿的夏季易发。

症状： 多在叶尖附近及叶片上半段出现黑色小斑点，严重时会波及整片叶，引起枯黄变焦并脱落。

防治方法： 降低种植密度，确保室内通风透气，用75%百菌清可湿粉剂600倍液或代森锰锌1 000倍液喷洒，每隔7～10天1次，连续喷3次。

软腐病在高温多雨的季节或者高温多湿的室内易发。

症状： 初发病时叶片和根茎会出现水浸状斑点，之后会逐渐扩大成褐色腐烂状，并发出臭味，且有汁液流出。

防治方法： 喷施农药对软腐病收效甚微，一旦发现病株只能抛弃。每隔7～10天用链霉素或者新霉素4 000倍液体喷施健康株，可以产生良好的预防效果。

（四）虫害

危害兰花的主要虫害有介壳虫、蓟马和蚜虫，此外，老鼠、蜗牛、蛞蝓、蟑螂的危害也不小。

介壳虫会黏附在兰花的叶背、叶鞘和假鳞茎上吸取汁液，使兰株产生黄斑。严重时介壳虫会布满整个兰株，对兰花的生长造成严重损害。5—9月是介壳虫的高发季节。

防治方法： 加强通风透气，防止空气湿度过大。人工捕捉可以对付少量介壳虫，高发时可喷施乐果1 000倍液（幼虫）或喷施灭蚧灵（成虫），每7～10天喷1次，连续3次。

蓟马的成虫和幼虫均能在花瓣或花蕾中依靠吸取汁液为生，使受害兰株的花朵产生皱缩及扭曲，严重时导致花瓣出现褐色干枯而失去观赏价值，当花开完后，蓟马又会迁移到幼嫩的叶心和嫩叶上为害兰株，造成新叶扭曲，叶片上出现密集条斑的怪样。

防治方法： 加强通风透气，防止空气湿度过大。少量蓟马可以人工捕捉，在排卵期喷乐果1 000倍液1次对蓟马有良好的防治效果。

蚜虫会聚集在新芽、嫩叶和花序上，吸取兰花的汁液，同时也会诱发煤烟病和病毒病，4—5月是蚜虫繁殖和危害的高峰期。

防治方法： 少量蚜虫可用软布将其抹除，高发时可用氧化乐果或除虫菊酯1 000倍液喷杀。

老鼠会啃咬兰芽、兰茎和花朵，使兰株被咬得一片狼藉。须想办法驱赶，当然养猫是最有效的防治方法。

蜗牛和蛞蝓白天可潜伏在基质的缝隙、盆底等阴暗潮湿处，晚上会出来啃食兰花，对兰花危害非常大。

防治方法： 在晚上可用手电筒检视，可以在其频繁出没的地方撒上石灰粉形成隔离带，阻止它们爬进兰盆。有一个妙招是在菜叶里拌上啤酒引诱蜗牛和蛞蝓，等它们前来啃食，就会被醉倒，天亮后就可一一将它们抓除。

蟑螂白天会藏匿于盆底空隙处，晚上会爬到兰株上啃食兰花，花梗或花蕾更是它们的佳肴。

防治方法： 可将灭蟑螂药拌在饵料里放在兰盆周围诱杀蟑螂，或喷洒80%的敌敌畏800倍液于盆底或植料中可将蟑螂杀死（有小孩的家庭使用时要注意安全）。

养兰小妙招

双层阴网调光照。双层阴网可以比较方便满足兰花在不同季节的光照需求，省去经常更换阴网的麻烦。夏季光照强烈，可采用2层30%的遮光网，秋末、初春和冬季可以揭去一层，仅留一层就够了，对一些需光量多的兰花，冬季也可以揭开全部的阴网。

细沙调湿度。花架上铺一层细沙可调节湿度。在空气湿度较低时，淋湿的细沙可以挥发出水汽，提高空气湿度。风扇吹拂可以搅动空气，起到通风透气的作用。

长期出差兰花怎么办？可以巧用棉芯。出门前盛上满满一桶水，在桶中放几条棉芯，棉芯在桶里的一头应系上一粒重物如小石子，这样棉芯便不会浮在水面上，将另一头放入兰盆中，这样水分可透过棉芯而滴入花盆之内，从而达到自动浇水的目的。

巧用花宝施肥。花宝是非常有效的花肥，有1号、2号、3号、4号和5号，其中花宝2号、4号、5号为生长肥，1号、3号则为开花肥（具有促使兰株多开花和开大花的效果）。可将花宝直接溶解到水中，约一大缸水中放入一茶匙花宝，然后用溶解有花宝肥料的水作为洋兰的浇灌用水，效果良好。

家用药品治兰病。外用药达克宁软膏涂抹病叶或病株的病灶可治炭疽病。庆大霉素片剂溶水喷洒或浸泡对防治白绢病也能获得良好的效果。

墨汁防病。墨汁含有有吸附和杀菌作用的炭黑，如同木炭粉，有吸附、消毒的作用。在兰花扦插和分株时，可用墨汁涂抹切口，能防止有害细菌和真菌的侵染。

第十一节

Section Eleven

保护兰花

全社会的共同责任

一、兰科植物的濒危状况

由于人类活动直接和间接的巨大影响，以及由此导致的地球生态环境的改变，动植物物种的濒危状况日益严重，每时每刻都有物种消失。兰科植物因为它们美丽奇特的形态、芬芳的气味和珍贵的药用价值，使得它们受威胁的状况更加严重。兰科植物是世界性的濒危物种，兰科所有种类均被列入《濒危野生动植物物种国际贸易公约》（CITES）的保护范围。中国所有的野生兰科植物全部被列入了《中国物种红色名录》之中。

市场上售卖的兰科植物

野外大量采集兰科植物

二、兰科植物濒危的主要原因

（一）原生境破坏

森林采伐、农业和种植场的发展、城镇化、开矿、旅游开发等使得完整的生境被分裂成为相互隔离的小碎块，从而使生境条件恶化、阻断了基因交流、减少了传粉者等。

（二）不顾后果的采集

兰科植物由于其高度的观赏价值和珍贵的药用价值而被高价收购，以致无节制地滥采，使得很多兰科植物趋于灭绝。如兜兰、天麻、石斛等。

兰花野外调查小记

2018年5月17日，我们调查团队一行3人从华南植物园向黑石顶自然保护区进发，去寻找野生墨兰。之前我们已经在烂柯山、南昆山、陈禾洞、鼎湖山寻找多次，均一无所获。听保护区的同行说他们2年前曾在黑石顶自然保护区见到过长势很好的大片墨兰，我们非常振奋。我们到达封开县城的时候，夜色已经降临了。下车后举头张望，真是一个美丽而宁静的地方啊，薄暮中，如水墨晕染的群山环抱着灯火点点的人家，真是一个美丽而宁静的地方。我们约好第二天天一亮就出发。

第二天天刚放亮，我们就起了床，背上了一天的干粮，在路边的一家早餐店吃过早餐后，在保护区同行的带领下，怀着满心希望，兴冲冲地出发了。我们先是开着车到了黑石顶山脚下，向导带着我们向他曾经见到过墨兰的地方进发。刚开始是一段林间小道，很快路就到了尽头，拐到了一条河沟里。河沟满是大石，没有路，大家攀着石头和树干往上攀爬，一想到很快就要找到墨兰了，我们几个人爬得很带劲。很快就到了一面巨大的岩石下面，不可能爬上去了，得再找路。我们不得不往后退，拐入沟谷边的灌丛林中，向导用砍刀相助着才能往前走。然后又被逼进了河沟里，这样艰难地往前走，中午的时候在一潭溪水边吃了干粮。我们兴致盎然地继续往前走，下午的时候，我们到了之前见到墨兰的地方，是一片沟谷边的林下阴湿地。我们寻找的墨兰却不见了踪影，向导也很惊讶，猜想已经被人采走了。我们几个人抱着可能在周围还会有墨兰的侥幸心理，埋着头在周围寻找，一遍又一遍，还是不见一棵墨兰的踪影。天快黑了，我们只好下山去，和以往许多次一样。总是黎明时怀着希望去，黄昏时揣着失望回。

（三）兰科植物本身的生存弱点

兰科植物对生境条件的适应范围非常狭窄，一旦条件改变就无法生存。很多兰科植物需要有特定的授粉者，缺乏这种授粉者就无法授粉产生饱满的种子。兰科植物的种子没有胚乳，在萌发初期如果没有特定真菌种类的协助，得不到可吸收的营养，就无法生长。这些都限制了兰科植物的生存和发展。

三、保护兰科植物，中国在行动

长期以来，我国高度重视兰科植物的保护。2001年启动实施野生动植物保护及自然保护区建设工程，将兰科植物列为工程的15大物种之一。2005年建立了首个以兰科植物为保护主体的自然保护区——广西雅长兰科植物国家级自然保护区，并成立了国家兰科植物种质资源保护中心。2012年实施的《全国极小种群野生植物拯救保护工程规划》包括120种保护对象，其中兰科植物就占了37种。2021年9月7日发布的《国家重点保护野生植物名录》列入的兰科植物有263种，兜兰属（*Paphiopedilum*）所有野生种类均被列入了受保护的行列。2021年10月，在《生物多样性公约》第十五次缔约方大会领导人峰会上，习近平主席宣布中国将出资15亿元设立昆明生物多样性基金、正式设立第一批国家公园、构建以国家公园为主体的自然保护地体系、建立国家植物园体系等一系列保护生物多样性的重磅举措。

广西雅长兰科植物保护区中的美花石斛

国家兰科中心保育的紫纹兜兰

广西雅长兰科植物保护区中的带叶兜兰

主要参考文献

［1］BERLIOCCHI L. The orchid in lore and legend［M］. Portland：Timber Press，2000.

［2］RAMÍREZ S R，GRAVENDEEL B，SINGER R B，et al. Dating the origin of the Orchidaceae from a fossil orchid with its pollinator ［J］. Nature，2007，448（7157）：1042−1045.

［3］THOROGOOD C J，BOUGOURE J J，HISCOCK S J. Rhizanthella：orchids unseen ［J］. Plants，People，Planet，2019，1（3）：153−156.

［4］陈心启. 国兰及其品种全书［M］. 北京：中国林业出版社，2011.

［5］杜瑞. 兰花主要病虫害及其防治［J］. 现代园艺，2016，10（19）：129−130.

［6］黄卫昌，胡超，倪子轶，等. 兰花的鉴赏与评审［M］. 北京：中国林业出版社，2018.

［7］昆明植物研究所. 兰花欺骗伎俩大盘点［OL］. https：//www.cas.cn/kxcb/kpwz/201304/t20130408_3815904.shtml.

［8］马克·切斯，马尔腾·克里斯腾许斯，汤姆·米伦达. 兰花博物馆［M］. 刘凤，李佳，译. 北京：北京大学出版社，2018.

［9］苏宁. 兰花历史与文化研究［D］. 北京：中国林业科学研究院，2014.

［10］唐振缙，程式君. 中国主要野生兰手绘图本［M］. 北京：科学出版社，2016.

［11］夏汉平. 中国科学院华南植物园科普讲解词［M］. 贵阳：贵州科技出版社，2021.

［12］余峰，曾宋君，张玲玲. 兰蕙幽香——兰科植物手绘图谱［M］. 广州：广东科技出版社，2022.

［13］詹姆斯·贝特曼. 兰花的第二个世纪［M］. 沐先运，译. 北京：商务印书馆，2019.

［13］朱根发，胡松华. 洋兰欣赏与商品交易200问［M］. 北京：中国农业出版社，2007.

索引

Index

（按汉语拼音字母顺序排列）